Dieses Buch gehört:

____

Alle Tipps und Informationen in diesem Buch
sind sorgfältig ausgewählt und geprüft.
Dennoch können weder Urheber noch Verlag
eine Garantie übernehmen.
Eine Haftung für Personen-, Sach- und
Vermögensschäden ist ausgeschlossen.

5 4 3 2 1

ISBN 3-8157-3891-1

Redaktion: Susanne Tommes
Printed in Italy
www.coppenrath.de

Holger Haag

Mein großes Naturbuch

Mit Illustrationen von Anne Ebert

COPPENRATH

Hallo, Naturforscherin! Hallo, Naturforscher!

Von den Bergen bis ans Meer, am Teich, im Wald, auf Wiesen und Feldern und sogar in der Stadt: Überall gibt es Tiere und Pflanzen zu entdecken. Dieses Buch nimmt dich mit auf eine spannende Reise in die verschiedenen Naturräume und liefert Antworten auf viele Fragen, zum Beispiel: Wie orientieren sich Fledermäuse? Warum müssen Bodenbrüter vorsichtig sein? Wie weit fliegt die Küstenseeschwalbe? Was sind Heuler? Warum wachsen hoch oben in den Bergen keine Bäume? Wodurch unterscheiden sich Fuchs- und Dachsbau? Wie halten sich Steinböcke an steilen Felsen fest? Und warum haben die Eier der Trottellumme so eine merkwürdige Form?

Wer eine Expedition starten möchte um der Natur auf die Spur zu kommen, stellt zuerst die passende Ausrüstung zusammen. Du brauchst: feste Schuhe, Regenkleidung, Sonnenhut, eine Tasche für Sammelstücke, eine Lupe und etwas Proviant. Praktisch sind auch Block und Stifte, damit du deine Forschungsergebnisse aufschreiben oder aufzeichnen kannst. Um Tiere, die sich in größerer Entfernung aufhalten, beobachten zu können, ist ein Fernglas hilfreich. Vielleicht kannst du dir eins ausleihen.

Aber jetzt erst einmal viel Spaß beim Lesen – und dann auf zur Expedition in die Natur!

Inhaltsverzeichnis

Natur in der Stadt

Hamburg, Köln, Berlin, Stuttgart, Zürich, Wien: Gibt es in so großen Städten zwischen all den Häusern, Autos, Geschäften und Fabriken noch Natur zu entdecken? Schließlich ist es in einer Großstadt ziemlich gefährlich: Vögel erkennen die riesigen Fensterscheiben nicht, fliegen dagegen und verletzen sich. Autos sind für viele Tiere zu schnell. So werden immer wieder Hasen, Kaninchen und Igel überfahren. Da hilft auch der Stachelpanzer des Igels nicht. Für Mäuse, Kröten und andere Kleintiere werden Kellerschächte zur tödlichen Falle. Nur selten schaffen sie es, wieder herauszuklettern.

Doch wer genau hinsieht, wird überrascht sein, wie viele Tiere und Pflanzen trotzdem hier leben. Stell dir vor: Für einige Arten bietet die Stadt sogar Vorteile. Da es dort durchschnittlich 1 bis 2 °C wärmer ist als auf dem Land, fangen viele Vögel früher im Jahr an zu brüten und ziehen so mehr Jungen groß als ihre Artgenossen in der Natur. Eine Amsel zum Beispiel brütet in der Stadt drei- bis viermal im Jahr, im Wald dagegen nur zweimal. Und einige Pflanzen wie Gänseblümchen oder Vogelmiere blühen dank der Wärme fast das ganze Jahr.

Außerdem ist die Futtersuche in Städten meist nicht besonders beschwerlich – im Gegenteil: Auf Schulhöfen, in Fußgängerzonen und auf dem Markt finden viele Vögel, etwa Tauben, Spatzen und Elstern, sowie andere Tiere, wie Ratten, Mäuse, Ameisen und sogar Füchse, so manchen Leckerbissen. Auch im Winter haben's die Tiere leicht, wenn die Menschen die Futterhäuser füllen und die Enten am Teich mit Brot füttern. Doch dieses Futter birgt auch Gefahren: Im Freien kann es schnell verderben. Außerdem wird es von den vielen Tieren, die alle an derselben Stelle fressen, zum Beispiel an einem Mülleimer oder einem Futterhäuschen, verunreinigt. So können sich leicht Krankheiten ausbreiten.

Die meisten Tiere fühlen sich in den Gärten, Parks und Friedhöfen der Städte am wohlsten. Dort gibt es noch Wiesen- und Rasenflächen, Bäume, Hecken, Büsche, Steinhaufen und Mauern. Wo du genau nachsehen musst um der Natur in der Stadt auf die Spur zu kommen, verraten dir die nächsten Seiten.

Tiere an Haus und Gartenhäuschen

Viele Tiere nutzen Garten- und Wohnhäuser als Unterschlupf und Wohnmöglichkeit. Für Mauersegler und den Hausrotschwanz ist ein Haus nichts anderes als ein Felsen, in dem sie brüten und ihre Jungen groß ziehen können. Der Mauersegler hat sein Nest meist unter den Dachziegeln und saust rasant durch die Häuserschluchten, während der Hausrotschwanz gern auf dem Dach sein raues Lied singt. Das Gartenhäuschen mit seinen vielen Ritzen wird gern von Steinmardern und Mäusen bewohnt. Und einige Insekten, zum Beispiel Wespen, nutzen es im Winter als frostsicheren Unterschlupf.

Wer wohnt im Gebüsch?

In heimischen Heckensträuchern und Büschen, wie Kornelkirsche, Schwarz- und Weißdorn, Liguster und Holunder, fühlen sich viele Tiere wohl. Hier leben die verschiedensten Insekten, zum Beispiel Läuse, Raupen, Schmetterlinge und Bienen, die sich von Blättern, Früchten oder Blütennektar ernähren. Von den Insekten wiederum leben zahlreiche Vögel, etwa der Zaunkönig und die Mönchsgrasmücke. Außerdem nutzen sie die dichten Hecken als Nistplatz oder Versteck vor Feinden wie der Katze.

Zwischen Mauern und Ritzen

Auch in den Ritzen und Spalten zwischen Steinen leben viele Tiere. Eine Mauer, zum Beispiel die Friedhofsmauer, oder ein alter Steinhaufen bietet ihnen Schutz und hat auch sonst viele Vorteile: Zauneidechsen und Blindschleichen zum Beispiel lieben es, wenn die Sonne die Steine aufgeheizt hat und sie sich darauf aufwärmen können. Eher bekommst du jedoch Mauerbienen, Hummeln und Spinnen oder vielleicht sogar eine Maus zu Gesicht. Mauerpfeffer, Zimbelkraut und Schöllkraut sind häufige Pflanzen an Mauern und Steinen. Sie krallen sich mit ihren Wurzeln in der kleinsten Fuge fest.

Unter Steinen

Viele Tiere leben im Verborgenen. Um sie zu finden hilft es, Steinplatten oder kleine Holzstückchen umzudrehen. Darunter verstecken sie sich vor der Sonne oder ihren Feinden. Manchmal findest du ein Ameisennest unter einem Stein. Du erkennst einen Teil der Gänge oder sogar die Ameisenpuppen, das sind die kleinen länglichen Eier, aus denen die Ameisen schlüpfen. Auch Steinläufer und Tausendfüßer mit ihren vielen Beinpaaren verkriechen sich unter Steinen. Ist es unter dem Stein recht feucht, findest du Schnecken, Kellerasseln und Regenwürmer. Achte darauf, die Steine wieder so hinzulegen, wie du sie vorgefunden hast, damit du den Tieren ihr Zuhause nicht beschädigst.

Auf dem Rasen

Wenn du im Park spazieren gehst, lohnt sich ein genauer Blick über den Rasen. Hier fühlen sich Tiere wohl, die bei der Futtersuche einen guten Überblick haben wollen, etwa Amseln und Stare. Sie lassen sich am liebsten Würmer und Insekten schmecken. Du kannst sie leicht an ihrer Laufweise unterscheiden: Amseln hopsen beidbeinig über die Wiese, Stare laufen in wackelnden Schritten darüber.

Unter dem Rasen

Bestimmt fallen dir auch ein paar Erdhügel auf. Sie entstehen, wenn ein Maulwurf unter der Erde sein weit verzweigtes, unterirdisches Gangsystem aushebt und die überschüssige Erde an die Oberfläche befördert. Seine Vorderbeine sind richtige Baggerschaufeln. Um sich unter der Erde zu orientieren, benutzt der fast blinde Maulwurf seine Tasthaare und seine Spürnase. Die verrät ihm auch, wo er leckere Regenwürmer und Käferlarven finden kann.

In den Baumwipfeln

Auf den äußeren Ästen und in den Baumwipfeln leben kleine und leichte Tierarten. Nur das geschickte Eichhörnchen turnt hier noch durch die Zweige. Einige Vögel, zum Beispiel der gelbliche Girlitz, nutzen die Baumspitzen als Gesangsplatz, damit ihr Lied weit gehört wird. Käfer und Raupen von Schmetterlingen und Motten fressen im Frühling die frischen Blätter von den Astspitzen. Blaumeisen, Zilpzalp und Sommergoldhähnchen versuchen die kleinen Krabbler zu erwischen und hängen darum manchmal mit dem Kopf nach unten an den dünnen Zweigen.

Am Baumstamm

Ein Baumstamm ist ein richtiger Lebensraum. Hier kannst du eine Menge Tiere und ihre Spuren entdecken. In den Ritzen der groben Eichenrinde findest du oft Bucheckern und andere Samen. Hier hat sich eine Sumpfmeise oder ein Kleiber einen Vorrat angelegt. Der Kleiber ist der einzige Vogel, der die Baumstämme kopfüber hinunterlaufen kann. Der Gartenbaumläufer läuft den Stamm spiralförmig hinauf und sucht dabei in den Ritzen und Spalten der Rinde nach Insekten, seiner Lieblingsspeise.

Im Blumenbeet

Hier finden viele Insekten ihre Nahrung: Nektar, Pollen und Pflanzensaft. Je abwechslungsreicher das Beet bepflanzt ist, desto mehr Insektenarten werden angelockt und desto weniger Schädlinge saugen die Pflanzen aus. Dafür gibt es zwei Gründe. Erstens: In einem Beet, in dem verschiedene Pflanzen wachsen, gibt es von jeder Art nur wenige Exemplare. Da viele Schädlingsarten nur bestimmte Pflanzen mögen, finden die Tierchen hier nur wenig zu fressen, sodass sie sich nicht massenhaft vermehren können. Zweitens: Wo viele verschiedene Blumen blühen, sind viele verschiedene Käfer, Schmetterlinge und andere Krabbeltiere unterwegs. Daher ist die Wahrscheinlichkeit groß, dass es für jeden Schädling einen natürlichen Feind im Blumenbeet gibt.

Was machen die Tiere im Winter?

Viele Vögel, zum Beispiel der Buchfink und die Schwanzmeise, kommen jetzt in die Stadt, weil es hier etwas wärmer ist und es an den Futterhäuschen reichlich zu fressen gibt.

Andere Tiere verschlafen den Winter lieber. Das machen sie auf ganz unterschiedliche Weisen: Der Igel und der Siebenschläfer halten einen richtigen Winterschlaf. Das heißt, sie fressen im Herbst so viel, dass sie den ganzen Winter in ihrem Laubhaufen oder einer Baumhöhle davon zehren können. Damit die Reserven wirklich reichen, dürfen sie sich nur ganz wenig bewegen, also schlafen sie und senken ihre Körpertemperatur auf 5 bis 10 °C ab. Ihr Herz schlägt nur noch wenige Male in der Minute.

Das Eichhörnchen dagegen hält Winterruhe. Dafür sammelt es im Herbst fleißig jede Menge Nüsse und Eicheln und vergräbt sie an den unterschiedlichsten Plätzen. Wenn es dann im Winter Hunger bekommt, kann es an seine Vorräte gehen.

Wenn es dunkel wird

In der Dämmerung kommen die Fledermäuse aus ihren Verstecken. Viele von ihnen haben den Tag auf Dachböden, in Fledermauskästen oder Baumhöhlen verbracht. Sie nutzen die Nacht um nach Insekten zu jagen. Stell dir vor: Auch wenn es stockfinster ist, können sich die kleinen Tiere orientieren. Dafür nutzen sie ihre sehr empfindlichen Ohren. Fledermäuse stoßen viele kurze Töne aus. Du kannst sie nicht hören, da sie eine sehr hohe Frequenz haben. Treffen die Schallwellen auf ein Hindernis, zum Beispiel einen Zweig oder eine Motte, prallen sie davon ab und gelangen zurück zum Fledermausohr. Jetzt weiß das Tier, dass ein Hindernis kommt oder Futter in der Nähe ist.

Wiesen und Felder

Vor allem im Frühling und Sommer lohnt sich eine Entdeckungsreise durch Felder und Wiesen. Hier gibt es viel zu beobachten, nur wenige Bäume und Hecken stören den Blick. Früh morgens und in der Abenddämmerung sind vor allem Rehe, Hasen und viele Vögel unterwegs. In der warmen Mittagszeit, wenn die Sonne am höchsten steht, siehst du jede Menge Schmetterlinge, Bienen, Hummeln, Heuschrecken und Käfer in der Wiese herumkrabbeln und vorbeifliegen.

Als Wiesen werden Flächen bezeichnet, auf denen vor allem Gräser wachsen. Auf Feldern dagegen pflanzen die Menschen Feldfrüchte an, zum Beispiel Weizen, Gerste, Mais und Kartoffeln. So viele Felder und Wiesen wie heute gab es nicht immer. Hast du gewusst, dass Mitteleuropa mal ein einziger riesiger Urwald war? Vor etwa 6 000 Jahren begannen die Menschen die ersten Bäume zu fällen. Nachdem sie zuvor viele tausend Jahre auf Wanderschaft gewesen waren – immer auf der Suche nach essbaren Pflanzen und auf der Jagd nach Tieren –, wurden sie nun sesshaft: Sie bauten Häuser und nutzten die entstandenen freien Flächen als Felder für den Ackerbau und als Weideflächen für Schafe, Kühe und Ziegen. So entstanden im Laufe der Jahrtausende immer mehr Wiesen und Felder – und mit ihnen eine neue Landschaft.

Auch die Tier- und Pflanzenwelt veränderte sich: Auf den offenen Wiesen und Feldern fühlten sich ganz andere Arten wohl als im Wald. Außerdem wanderten viele Tiere und Pflanzen aus den Steppengebieten Osteuropas ein, etwa der Klatschmohn, die Kornblume, die Feldlerche und viele Insektenarten.

Kennst du die Unterschiede zwischen Roggen, Gerste, Weizen und Hafer? Sieh dir das Getreide genau an! Im April und Mai blüht der gelbe Raps. Jetzt solltest du kein gelbes T-Shirt anziehen, weil dich die vielen Rapsglanzkäfer sonst für eine Rapsblüte halten könnten. Wenn du die Rapsschoten genau untersuchst, findest du vielleicht den kleinen Kohlschotenrüssler. Zu den schönsten Ackerblumen zählt der Rittersporn.

Auch auf den Wiesen gibt es für Naturforscher Interessantes zu entdecken. Ist dir schon aufgefallen, dass es Wiesen mit vielen unterschiedlichen Kräutern und Blumen gibt, während auf anderen fast nur Gras gedeiht? Das liegt am Boden: Enthält er viele Nährstoffe, haben nur wenige Pflanzen etwas davon, wie der Löwenzahn oder der Wiesenkerbel. Sie wachsen hier so schnell, dass sie andere Pflanzen verdrängen. Solche Wiesen heißen Fettwiesen. Das Gegenteil davon sind die Magerwiesen. In ihrem Boden sind nur wenige Nährstoffe gespeichert. Auf solchen Wiesen findest du jede Menge verschiedene Kräuter und Blumen. Hier blühen die Wiesenflockenblume, die Wiesenglockenblume und die Margerite.

In Süddeutschland, Österreich und der Schweiz gibt es viele Streuobstwiesen. Ihren Namen verdanken sie der Tatsache, dass die Obstbäume verstreut auf der Wiese stehen. Sie liefern Äpfel, Birnen, Kirschen, Pflaumen und Wallnüsse. Auf den Wiesen unter den Bäumen leben viele seltene Tiere und Pflanzen. Hier kannst du noch Grünspecht, Wendehals und den Steinkauz beobachten. Sie mögen die vielen Insekten, die sich hier ebenfalls tummeln, und finden gute Nistmöglichkeiten. Früher war sogar der Wiedehopf mit seiner lustigen Federhaube hier anzutreffen. Leider werden die Streuobstwiesen immer seltener. Vielen Besitzern sind die Obsternte und die Pflege der Bäume und Wiesen zu mühsam geworden.

Es wimmelt in der Luft!

Wenn du dich im Sommer ganz still auf eine Wiese oder an den Rand eines Feldes setzt, entdeckst du zwischen Blüten und Halmen jede Menge Krabbeltiere. Die meisten von ihnen sind Insekten. Stell dir vor: Weltweit sind über eine Millionen Arten bekannt. Eins haben sie alle gemeinsam: Sie sind auf sechs Beinen unterwegs.

Siehst du die wunderschönen Schmetterlinge, zum Beispiel den Bläuling und den Kleinen Fuchs? Bevor sie durch die Lüfte schweben, sind sie aus winzigen Eiern geschlüpft, haben sich als unscheinbare Raupen von Blättern ernährt und sich dann verpuppt. Aus den Puppen sind sie schließlich als fertige Schmetterlinge herausgeschlüpft. Nun sind sie auf der Suche nach Blütennektar, den sie mit ihrem aufrollbaren Saugrüssel aufnehmen.

Nektar suchen auch die vielen Bienen, wenn sie von Blüte zu Blüte fliegen. Im Bienenstock wird er an andere Bienen abgegeben, die ihn in Honig umwandeln. Einen Teil davon benötigen die Bienen für sich selbst und für die Aufzucht ihrer Jungen. Den Rest lagern sie als Wintervorrat in den Waben. Hat eine Biene eine Wiese mit vielen Blüten entdeckt, teilt sie ihren Artgenossen durch einen besonderen Tanz, den Schwänzeltanz, die genaue Lage und Entfernung der Wiese mit. Neben der Honigbiene gibt es viele Wildbienenarten. Sie leben nicht in großen Staaten, sondern einzeln. Ihre Eier legen sie in hohle Pflanzenhalme. Die meisten Wildbienen sind kleiner und unauffälliger als die bekannte Honigbiene.

An warmen Sommertagen geben Heuschrecken (Grashüpfer) auf der Wiese ein richtiges Konzert. Mit ihrem Gesang wollen sie Weibchen anlocken. Achte auf die Fühler: Es gibt Langfühler- und Kurzfühlerheuschrecken.

Sieh dir auch die Blattstängel genau an. Vielleicht sind sie übersät mit grünen oder schwarzen Blattläusen, die mit ihrem dünnen Stechrüssel den Pflanzensaft saugen. Da sie dabei ständig eine süße, klebrige Flüssigkeit abgeben, den Honigtau, sind auch ein paar Ameisen anwesend. Ihnen schmeckt der Honigtau so gut, dass sie die Blattläuse regelrecht melken und sie sogar vor ihrem größten Feind, dem Marienkäfer, schützen.

Auch andere Insekten zapfen Pflanzen an, zum Beispiel die Zikaden. Die Nester der Schaumzikade hast du vielleicht schon gesehen. Das sind die Schaumgebilde an den Pflanzen, die wie Spucke aussehen. Darin wohnt die Larve der Schaumzikade. Aus dem Pflanzensaft hat sie eine schaumige Schutzhülle geschlagen, in der sie gut versteckt ist.

Ein tiefes Brummen kündigt eine Hornisse an, sie ist auf der Jagd nach anderen Insekten um sie an ihre Larven zu verfüttern. Die Schwebfliegen mit ihren großen Komplexaugen sind aber meist zu schnell für sie. Komplexaugen sind aus hunderten von Einzelaugen zusammengesetzt. Die sehen zwar nicht so scharf wie die Linsenaugen eines Menschen, dafür erkennen sie Bewegungen jedoch viel schneller.

Achtung, Greifvögel!

Viele Greifvögel nutzen Wiesen und Felder als Jagdrevier. Der kleinste ist der Turmfalke. Ihn kannst du häufig dabei beobachten, wie er in der Luft „steht" und den Boden nach Mäusen absucht. Hat er eine entdeckt, lässt er sich fallen um sie zu packen. Häufig ist auch der Mäusebussard. Er kreist in größerer Höhe über den Acker. Der Rote Milan gleitet oft in einem langsamen, niedrigen Suchflug über die Wiese um dann blitzschnell zuzuschlagen. Alle drei haben ausgezeichnete Augen. Kein Wunder, dass sie eine Maus aus einer Höhe von bis zu 400 m erspähen.

Bodenbrüter müssen vorsichtig sein!

Hast du gewusst, dass einige Vogelarten ihre Nester nicht in Bäumen oder Hecken bauen, sondern in Wiesen brüten? Die Feldlerche zum Beispiel macht es so. Damit ihr Nest nicht von Feinden entdeckt wird, fliegt sie nie direkt dorthin, sondern landet einige Meter davon entfernt und legt die letzten Meter unauffällig zu Fuß zurück. Auch der Kiebitz ist ein Bodenbrüter. Früher war er auf feuchten Wiesen regelmäßig anzutreffen, doch die gibt es immer seltener. Daher versucht er heute auf Ackerflächen zu brüten. Doch hier finden seine Jungen nur wenig Futter. Außerdem wächst das Getreide zu schnell hoch. Der Kiebitz braucht jedoch offene Flächen, damit er Feinde rechtzeitig sehen kann.

Verborgenes Leben im Untergrund

Unter so mancher Wiese befinden sich weit verzweigte Gangsysteme. Darin wohnen Wildkaninchen oder Hamster. Zur Futtersuche klettern sie an die Oberfläche. Wildkaninchen leben in großen Kolonien zusammen und kommen erst in der Dämmerung aus ihren Löchern, weil sie dann von ihren Feinden, etwa Greifvögeln und Steinmardern, nicht so gut gesehen werden können. Der Hamster, ein Einzelgänger, ist durch die moderne Landwirtschaft selten geworden. Nachts macht er sich auf die Suche nach Insekten und Getreide. Für die Winterruhe legt er sich in einer Vorratskammer ein Getreidelager an.

Der Hase

Auf den ersten Blick sehen sich Hase und Kaninchen sehr ähnlich. Doch der Hase hat längere Ohren, schwarze Ohrenspitzen, lange, kräftige Hinterbeine und ist deutlich größer. Außerdem graben Hasen keine Höhlen, sondern ruhen tagsüber in einer Bodenmulde, der Sasse. Dort bekommen sie auch ihre Jungen. Die können schon kurz nach der Geburt sehen und laufen. Wie beim Kaninchen sind die Augen so angeordnet, dass sie eine Rundumsicht ermöglichen. So können die Hasen auf freiem Feld die Feinde, zum Beispiel Füchse und Hunde, rechtzeitig sehen. Entweder ducken sie sich dann flach auf den Boden und vertrauen ihrer guten Tarnung oder sie sprinten im Zickzack-Kurs ihren Feinden davon. Erfahrene Hasen sind sehr gute Läufer und hängen Haken schlagend die meisten Feinde problemlos ab.

Rehe

Unsere kleinste heimische Hirschart ist das Reh. In der Jägersprache wird das Männchen Rehbock genannt, das Weibchen Ricke und das Junge Rehkitz. Rehe sind sehr anpassungsfähig, deshalb findest du sie in den verschiedensten Lebensräumen: auf Feldern, in Wäldern und selbst in großen Parks. Am liebsten ist ihnen aber der Waldrand. Zum Fressen kommen sie auf die Wiesen. Sobald Gefahr droht, ziehen sie sich schnell ins Dickicht des Waldes zurück. Im Mai kommen die Rehkitze auf die Welt. Die Jungen mit dem weiß gemusterten Fell werden meist auf einer Wiese geboren. Denn zwischen den weißen Blüten sind sie prima getarnt. Und auch die beste Spürnase von Fuchs oder Hund hilft den Räubern nicht, weil die Kitze in den ersten Wochen fast geruchlos sind. Die größte Gefahr für die Jungen sind Traktoren mit Balken- oder Kreiselmähern, die die Wiese mähen. Viele Rehkitze kommen dabei ums Leben, da sie sich nur ducken und nicht davonlaufen.

Der Wald

Ein Wald ist eine große Gemeinschaft. Hier wachsen viele Bäume, manchmal auch Sträucher, Blumen und Kräuter. Außerdem bietet der Wald zahlreichen Tierarten einen geeigneten Lebensraum. Viele von ihnen ernähren sich von den Pflanzen des Waldes und finden bei ihnen Schutz vor Feinden. Gleichzeitig helfen sie den Pflanzen bei ihrer Vermehrung und Verbreitung.

Es gibt drei verschiedene Arten von Wäldern:

- **Laubwälder:** Sie sind im Herbst bunt, im Winter kahl, im Frühling zartgrün und im Sommer ganz dicht. Hier stehen Buchen, Eichen, Hainbuchen, Birken, Kastanien, Linden, Pappeln oder Ahorne. Im Frühling, wenn die Bäume noch kaum Laub tragen, scheint die Sonne bis auf den Boden, sodass dort Buschwindröschen, Frühlingsplatterbsen, Bärlauch und Leberblümchen wachsen können.
- **Nadelwälder:** Sie sind das ganze Jahr über dicht und dunkel, sodass außer den Bäumen kaum andere Pflanzen wachsen können. Die abgefallenen Nadeln von Fichten, Tannen und Kiefern bilden eine dicke Schicht am Boden.
- **Mischwälder:** Hier wachsen sowohl Nadel- als auch Laubbäume.

Ob Laub-, Nadel- oder Mischwald: Die meisten unserer Wälder sind Wirtschaftswälder. Wenn die Bäume eine bestimmte Größe erreicht haben, werden sie gefällt, abtransportiert und im Sägewerk zu Brettern verarbeitet, aus denen später zum Beispiel Möbel und Holzhäuser gebaut werden. Auch die krummen und knorrigen Bäume, die man als Brennholz nutzen kann, werden weggeschafft. Kein Wunder, dass ein Wirtschaftswald sehr ordentlich wirkt!

Ganz anders sieht es in einem Urwald aus: Hier darf alles wachsen, wie es will, niemand räumt etwas weg. Vor allem die alten und die abgestorbenen Bäume sind für die Natur sehr wichtig: Sie haben natürliche Höhlen, in denen viele Tiere leben, und die abgestorbenen Bäume sind ein wichtiger Lebensraum für Käfer, Wespen und Pilze. Wenn ein Sturm ein paar Bäume umwirft, bleiben sie liegen und verrotten mit der Zeit. Es entsteht kurzfristig eine natürliche Lichtung, bis neue Bäume zwischen den liegenden Stämmen hoch gewachsen sind.

In einem Urwald leben viel mehr Tierarten als in einem Wirtschaftswald. Als die Menschen vor ungefähr 2500 Jahren begannen, den Urwald in Mitteleuropa intensiv abzuholzen, verloren viele Tiere – zum Beispiel Bären, Wölfe, Elche, Wisente und Auerochsen – ihren Lebensraum. Außerdem jagten die Menschen einige Tiere als Nahrung. Andere wurden erlegt, weil die Menschen Angst vor ihnen hatten oder fürchteten, dass sie ihre Nutztiere (Schafe, Hühner, Kühe ...) töten könnten.
Heute entstehen in den Nationalparks neue Urwälder. Dort versuchen Tierforscher und Tierschützer, die alten Tierarten wieder einzubürgern.

Hainbuche

Die ersten Blätter sprießen

Damit nach dem langen Winter die ersten Blätter an den kahlen Bäumen sprießen können, muss die Sonne scheinen und die Luft erwärmen. Jetzt kann der Baum über Spaltöffnungen in der Rinde Wasser an die warme Luft abgeben. Durch viele winzig kleine Wasserleitungen in der Rinde wird immer wieder Wasser von unten nachgeliefert. So durchströmt das Wasser den Baum und die ersten grünen Blätter können sprießen. Das Wasser verdunstet nun auch durch Spaltöffnungen an der Unterseite der Blätter. Wenn nicht genug Wasser im Boden vorhanden ist, schließt der Baum seine Spaltöffnungen, damit nicht zu viel Wasser verloren geht. Das geht aber nur für kurze Zeit, dann beginnt der Baum zu vertrocknen. Mithilfe des Sonnenlichts, der Luft und des Wassers, in dem Nährsalze enthalten sind, stellen die grünen Blätter die Nahrung für den Baum (Zucker) her, sodass er wachsen und blühen kann.

Eiche

Buche

Früchte des Waldes

Bis zum Herbst reifen die unterschiedlichsten Früchte und Samen heran.

- **Eiche:** Die länglich ovalen Samen werden gern von Rehen, Hirschen, Schweinen, Eichelhähern und Eichhörnchen gefressen.
- **Buche:** Die dreikantigen, braunglänzenden Bucheckern sitzen zu zweit in einem vierlappigen, stacheligen Fruchtbecher.
- **Linde:** Die kleinen Samenkapseln hängen an einem schmalen Tragblatt, das im Wind wie ein kleiner Hubschrauber fliegt.
- **Ahorn:** Wie bei der Linde trudeln die Samen in schneller Drehung zu Boden.
- **Birke:** Die Samen sind nur 3 mm groß und sehr leicht. So fliegen sie weit durch die Luft.
- **Kastanie:** Die grüne, stachelige Frucht enthält ein bis drei rundliche, rotbraune, glänzende Samen, die Kastanien. Wildschweine und Hirsche lassen sich diese Früchte gern schmecken.
- **Fichte:** Die Samen stecken zwischen den Schuppen der Zapfen. Vom Spätwinter bis zum Frühjahr öffnen sich die Zapfen und die Samen fallen heraus.
- **Eibe:** Die Samen mit dem roten Samenmantel werden gern von Vögeln gefressen, die sie unverdaut wieder ausscheiden. So verbreiten die Vögel die Samen im Wald.

Linde

Ahorn

Birke

Kastanie

Fichte

Eibe

Jeden Sommer ein bisschen dicker

Wenn der Baum im Sommer wächst, entsteht ein Ring im Holz. Der wird jedoch erst sichtbar, wenn er Baum gefällt wird oder eine Bohrung bis in die Mitte des Baumes gemacht wird. Such im Wald einen Baumstammstapel. Wenn du ein Ende mit Schmirgelpapier etwas glättest, kannst du mit einer Lupe die Jahresringe erkennen und zählen. 500 Jahre sind für eine Eiche, Linde oder Tanne kein Problem, wenn sie gesund bleibt. Aber es gibt auch Eichen, die 1000 Jahre alt sind. Stell dir vor: Sie sind im Mittelalter, in der Ritterzeit, groß geworden!

Wohin verschwinden die Blätter im Herbst?

Im Herbst, wenn die Tage kürzer und kälter werden, zieht der Baum seine Kraft aus den Blättern in den Stamm und in die Wurzeln zurück. Dabei wird das Blattgrün (Chlorophyll) abgebaut, sodass die Blätter rot und braun aussehen. Sie fallen auf den Waldboden und bilden eine dicke Laubschicht. Die wird von Insekten, Asseln, Regenwürmern und winzig kleine Mikroorganismen, etwa Bakterien und Pilzen, zersetzt. Dabei entsteht neue, fruchtbare Erde. Die Nährsalze, die darin enthalten sind, nehmen die Bäume im nächsten Frühjahr mit dem Wasser auf.

Wer sind die Kobolde am Waldboden?

Sicher hast du im Herbst schon einmal Pilze im Wald entdeckt. Aber wusstest du, dass du nur die Fruchtkörper siehst? Der größte Teil des Pilzes besteht aus dünnen Fäden, die sich unter der Erde befinden. Es gibt die verschiedensten Formen von Pilzen, deshalb werden sie auch scherzhaft Kobolde des Waldes genannt. Probiere niemals einen selbst gefundenen Pilz, nur weil er lecker aussieht oder gut riecht. Er könnte sehr giftig sein!

Hirsche

Der Rothirsch ist die größte heimische Wildart. Auffällig ist das große, verzweigte Geweih. Im Februar und März wirft der Hirsch sein altes Geweih ab. Im Sommer wächst ihm dann ein neues, größeres Geweih. Je mehr Verzweigungen das Geweih hat, desto älter und kräftiger ist der Hirsch. Im Herbst, zur Brunftzeit, fordert er damit laut röhrend seine Rivalen (andere Männchen) zum Zweikampf um die Weibchen und die Vormachtstellung im Rudel auf. Hirsche fressen vor allem Gras, aber auch frische Zweige und Knospen von Sträuchern und Bäumen.

Wildschweine

Das Wildschwein lebt gesellig in Großfamilien (Rotten). Den Tag verbringen die Schweine gern dösend in ihren Verstecken. Am Abend gehen sie auf Nahrungssuche. Wildschweine mögen Früchte, Nüsse, Pilze, Würmer, Schnecken und jagen sogar Mäuse. Ihrer feinen Nase entgeht so schnell nichts, außerdem können sie mit ihr gut graben. Die hellbraun gestreiften Jungen (Frischlinge) sind im Wald bestens getarnt.

Dachse

Der Dachs ist unsere größte heimische Marderart. Er wohnt in reich verzweigten, unterirdischen Gängen mit einer Gesamtlänge von bis zu 100 m. Der Dachs lebt von Beeren, Wurzelknollen, Regenwürmern und Insekten. Mit seinen langen Krallen kann er sogar einen Igel fangen.

Füchse

Der Fuchs gilt als ziemlich schlau, besonders weil er heutzutage sogar in Städten vorkommt. Er ist vor allem in der Dämmerung und nachts unterwegs. Dann jagt er Mäuse, seine Lieblingsspeise. Der Fuchs wohnt wie der Dachs in einer reich verzweigten Höhle mit mehreren Einschlupflöchern. Ob die Höhle am Waldrand vom Fuchs oder vom Dachs stammt, erkennst du am Eingang: Der Dachs baut eine Art Rutschrinne mit tiefen Rillen im Boden, die in den Eingang führt.

Heimliche Jäger in der Nacht

Bei Einbruch der Dämmerung werden die Eulen aktiv, nachdem sie den Tag versteckt in Baumhöhlen oder dichten Bäumen verdöst haben. Eulen haben besonders große und gute Augen. Mit ihrer speziellen Netzhaut sehen sie drei- bis zehnmal so gut wie ein Mensch. Ihre Ohren hören das leiseste Rascheln einer Maus. Und die weichen Härchen auf ihren Federn ermöglichen es ihnen, fast geräuschlos zu fliegen. Da Eulen Haare und Knochen ihrer Beute nicht verdauen können, würgen sie die Reste als haariges Knäuel wieder aus. Mit etwas Glück findest du solche Gewölle unter ihren Schlafbäumen.

Spechte, die Baumeister des Waldes

Laut hämmert es durch den Wald. Ein Specht schlägt gerade mit seinem Schnabel eine Bruthöhle in einen Baumstamm. Zum Glück ist sein Kopf so gebaut, dass die Stöße nicht zum Gehirn dringen und der Vogel keine Kopfschmerzen bekommt. Der Schwarzspecht ist der größte Specht, am häufigsten ist jedoch der Buntspecht. In Astgabeln und Baumspalten entdeckst du vielleicht Nüsse oder Tannenzapfen. Der Specht hat sie dort eingeklemmt, damit sie ihm nicht wegrollen, wenn er sie mit seinem Schnabel bearbeitet.

Ameisen

In Nadelwäldern fallen häufig die großen Haufen der Roten Waldameise auf. Bis zu 1,5 m hoch kann ein Ameisenhaufen werden. Er schützt die Tiere vor Regen und speichert Wärme. Der größere Teil des Nestes liegt bis zu 2 m tief unter der Erde. Mehr als 100 000 Ameisen leben mit ihrer Königin in einem Nest. Die einzige Aufgabe der Ameisenkönigin ist es, Eier zu legen. Für ein Insekt wird sie mit 15 bis 20 Jahren sehr alt. Ameisen gelten als Nützlinge des Waldes, da sie täglich viele tausend schädliche Insekten wie den Borkenkäfer vertilgen.

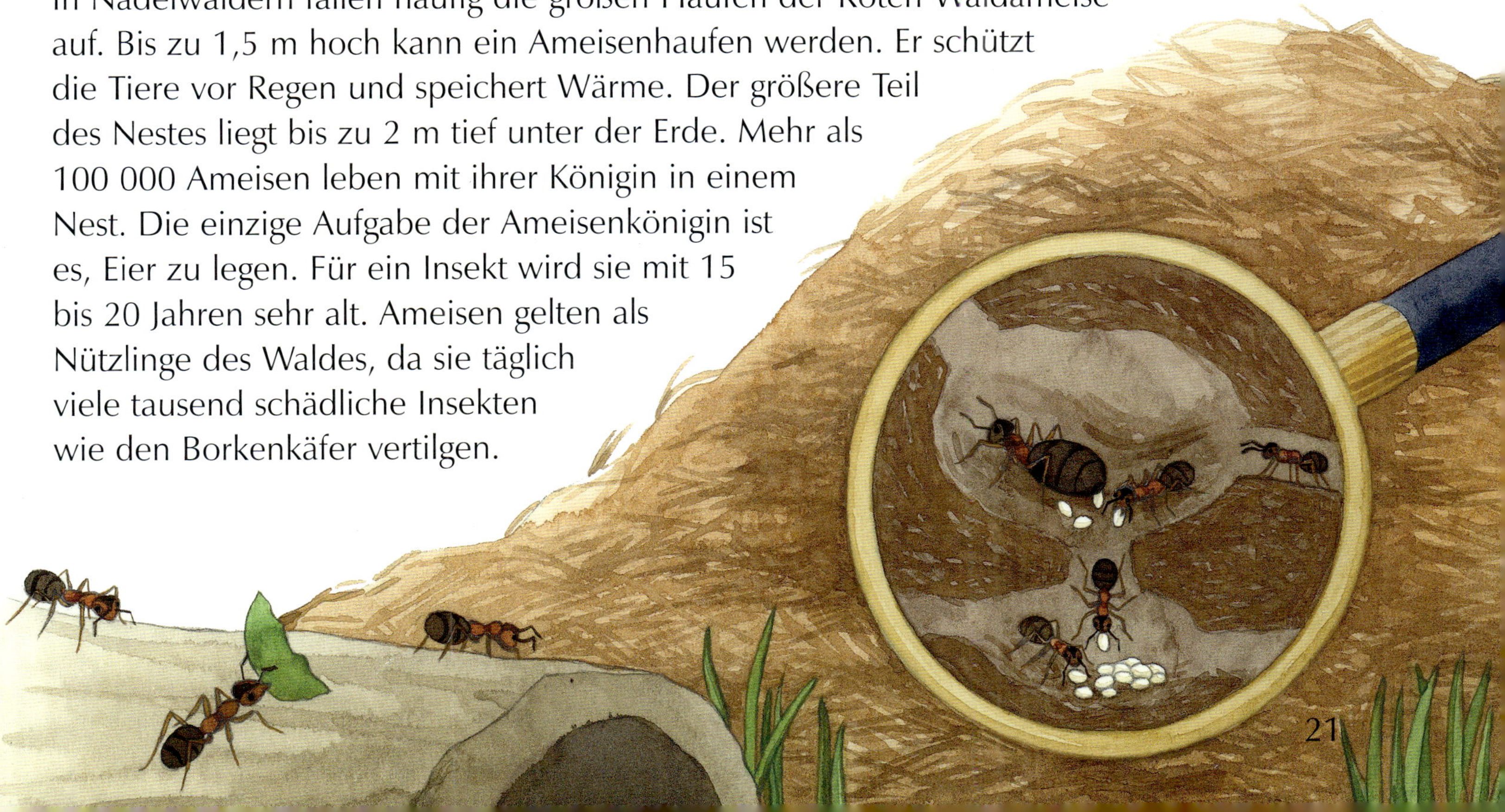

Der Teich

Hast du schon einmal im Sommer auf dem Steg eines Teiches gelegen, die Arme ins kühle Wasser gehalten, den Vögeln gelauscht, Libellen beobachtet und das Rauschen des Windes im Schilf gehört? Ein Teich ist ein stehendes Gewässer, das Menschen angelegt haben – im Gegensatz zum Weiher, der natürlich, zum Beispiel in Flussarmen, entstanden ist. Teiche und Weiher sind meist nicht tiefer als 3 m. Das genügt, damit sie im Sommer nicht austrocknen und im Winter nicht komplett zufrieren. Kleiner und flacher als Teiche und Weiher sind Tümpel. Größer und tiefer sind Seen.

Es gibt nährstoffarme und nährstoffreiche Teiche. Während du in nährstoffarmen Teichen viele verschiedene Tier- und Pflanzenarten findest, wachsen in nährstoffreichen Teichen nur wenige Pflanzen, zum Beispiel Algen. Die breiten sich so stark aus, dass sie andere Pflanzen, wie das Hornkraut und den Wasser-Hahnenfuß, verdrängen. Doch diese Pflanzen sind für viele Tiere als Futter oder zur Eiablage wichtig. Und noch ein Problem kommt hinzu: Wenn die Algen im Herbst absterben, sinken sie auf den Teichboden. Dort werden sie von winzig kleinen Tieren abgebaut, die dabei Sauerstoff verbrauchen. Wenn sehr viele Pflanzen am Boden liegen, gibt es irgendwann keinen Sauerstoff mehr. Dann verfaulen die Pflanzen und setzen Gifte frei. So kann es passieren, dass für Fische und andere Teichbewohner zu wenig Sauerstoff und zu viele Gifte im Wasser sind, sodass sie sterben. Darum ist es wichtig, die Teiche vor zu vielen Nährstoffen – das heißt: vor Überdüngung – zu schützen.

Im Winter herrscht Ruhe im Teich, die Tiere haben sich zurückgezogen, die Blumen sind verwelkt. Wenn das Thermometer mehrere Tage lang Minusgrade anzeigt, bildet sich eine Eisschicht auf dem Teich. Da gefrorenes Wasser leichter ist als flüssiges, schwimmt die Eisschicht oben, sodass Fische und Pflanzen darunter weiterleben können.

Pflanzen am und im Wasser

Bestimmt hast du schon einmal das Schilf gesehen, das vom Ufer bis einige Meter in den Teich hineinreicht. Das Schilf ist eine sehr wichtige Pflanze: Zum einen filtern seine Wurzeln Schmutzstoffe aus dem Wasser. Zum anderen können in dem dichten und bis zu 4 m hohen Schilfmeer viele Vögel brüten, wie zum Beispiel der Teichrohrsänger und die Rohrammer. Hier sind sie gut versteckt und finden viele Insekten. Fast so groß wie das Schilf ist der Rohrkolben mit seinen dicken, pelzigen Samenständen. Der kleine Igelkolben hat dagegen runde, stachelige Fruchtstände.

Eine der schönsten Pflanzen am Ufer ist die Sumpf-Schwertlilie mit ihren schönen gelben Blüten. Doch Vorsicht: Der brennend scharf schmeckende Pflanzensaft ist giftig. Ebenso schön sind die Weiße Seerose und die Gelbe Teichrose. Oft sieht es so aus, als würden sie auf dem Wasser schwimmen. In Wirklichkeit sind sie jedoch mit ihren Wurzeln im Teichgrund verankert. Die Wasserlinse („Entengrütze“) dagegen schwimmt tatsächlich auf der Wasseroberfläche. Sie gehört zu den Lieblingsspeisen der Enten.

Es gibt auch noch Pflanzen unter der Wasseroberfläche. Fast überall findest du die Wasserpest. Sie stammt aus Nordamerika, hat sich aber hier ausgebreitet. Ihre Stängel mit den quirlig stehenden Blättern werden von Enten und Schwänen gern gefressen. Eine ganz besondere Unterwasserpflanze ist der Fleisch fressende Wasserschlauch. Er hat kleine Fangblasen an den Blättern, mit denen er winzige Wasserflöhe fängt. Im Sommer kannst du die schönen gelben Blüten sehen.

Direkt am Uferrand findest du das Sumpf-Vergissmeinnicht mit seinen kleinen blauen Blüten. Es fühlt sich vor allem an nährstoffarmen Teichen wohl. Ganz in der Nähe wächst vielleicht die Wasserminze. Aus ihren Blättern kannst du dir einen leckeren Pfefferminztee zubereiten.

Vögel

Es gibt viele Vogelarten, die in der Nähe oder direkt am Wasser leben. Denn hier gibt es immer viel zu fressen: Fische, Würmer, Schnecken, Mücken, Algen und Wasserpflanzen. Viele Arten haben sich auf eine bestimmte Nahrung spezialisiert:

- Höckerschwan und Stockente fressen gern Wasserpflanzen und Gras.
- Blässhuhn und Reiherente mögen ebenfalls Pflanzen, tauchen aber auch nach Muscheln und Schnecken, die sie komplett verschlingen. Die harten Schalen werden erst im kräftigen Magen geknackt.
- Samen, Früchte, kleine Insekten, Schnecken und Würmer stehen auf dem Speiseplan des Teichhuhns, das sich auf der Wasseroberfläche und in der Wiese auf Nahrungssuche begibt.
- Haubentaucher und Graureiher sind geschickte Fischjäger. Während der Haubentaucher den Fischen unter Wasser hinterherjagt, wartet der Graureiher geduldig, bis ein Fisch vorbeischwimmt um ihn dann blitzschnell mit dem Schnabel zu packen.
- Die Bachstelze trippelt lieber am Ufer entlang und sucht kleine Insekten.
- Rauch- und Mehlschwalbe kommen gern ans Wasser, weil es hier viele Mücken gibt.

Mit etwas Glück begegnest du vielleicht auch einem Eisvogel, der sehr selten geworden ist. Aufmerksam sitzt er auf einem Zweig über dem Wasser und beobachtet die Wasseroberfläche genau. Sobald er einen Fisch entdeckt, stürzt er sich pfeilschnell mit angelegten Flügeln kopfüber ins Wasser und taucht mit dem Fisch im Schnabel wieder auf.

Frösche

Im Sommer hörst du die grünen Wasserfrösche laut quaken. Frösche gehören zu den Amphibien. Das heißt, sie leben sowohl an Land als auch im Wasser. An Land finden sie die meiste Nahrung, vor allem Würmer, Schnecken, Raupen und Insekten. Blitzschnell schnappen sie sich ihre Beute mit einem kurzen Sprung oder ihrer „Schleuderzunge“.

Frösche sind wechselwarme Tiere, das heißt, ihre Körpertemperatur ist von der Luft- oder Wassertemperatur abhängig. Je wärmer es ist, desto flinker sind die Frösche. Kein Wunder, dass sie gern ein Sonnenbad nehmen. Den Winter verbringen sie in frostsicheren Verstecken, zum Beispiel am Teichgrund oder in Erdhöhlen. Dort fallen sie in die Kältestarre. Ihre Körpertemperatur sinkt auf etwa 4 °C ab und sie verbrauchen kaum noch Energie.

Erst im Frühling kommen die Frösche wieder aus ihren Winterverstecken heraus. Jetzt wandern sie zu den Gewässern, in denen sie geboren wurden. Hier paaren sie sich und legen ihre Eier (Laich) als große, glibberige Ballen ab. Aus den Eiern schlüpfen kleine, dunkle Kaulquappen, die gar nicht wie Frösche aussehen. Nach wenigen Wochen wird der Schwanz kürzer und es wachsen Beinchen. So verwandelt sich die Kaulquappe langsam in einen kleinen Frosch, der mit winzigen Sprüngen den Teich verlässt. In vielen Teichen findest du noch andere Amphibien, etwa die Erdkröte, den Teich- und den Bergmolch.

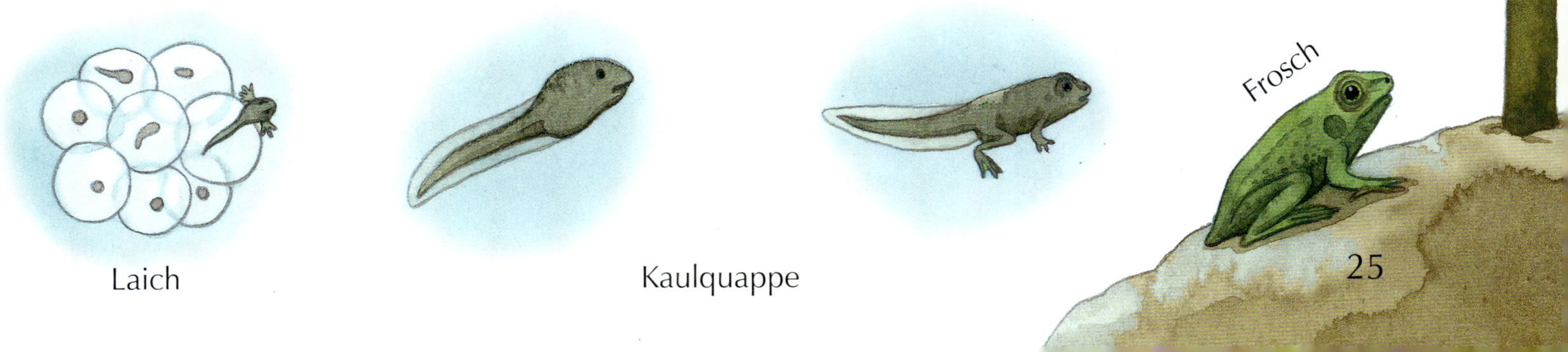

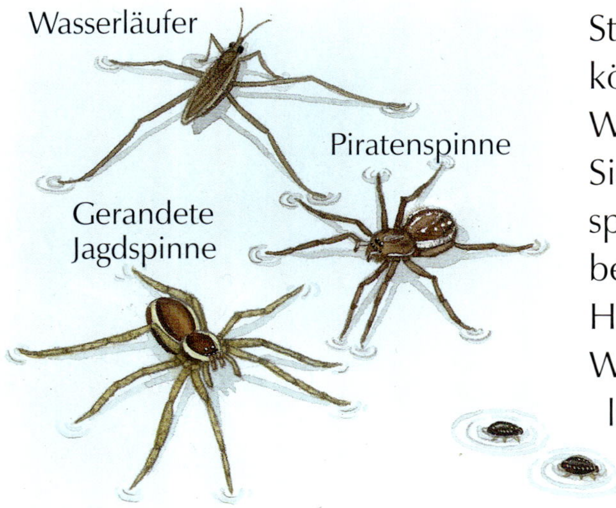

Tierchen an der Wasseroberfläche

Stell dir vor: Es gibt Tiere, die übers Wasser laufen können ohne unterzugehen! Zu ihnen gehören der Wasserläufer, die Jagd- und die Piratenspinne. Sie sind so leicht, dass sie von der Oberflächenspannung des Wassers getragen werden. Außerdem befinden sich an ihren Füßen Wasser abweisende Härchen. Sieh genau hin: Dort, wo ihre Füße das Wasser berühren, entsteht eine kleine Delle. So lauern die Tiere darauf, dass Insekten ins Wasser fallen, die sie blitzschnell fangen.

Auch der Taumelkäfer wartet auf solche Opfer. Er schwimmt auf dem Wasser und saust wie eine kleine, schwarze, polierte Perle in taumelnden Kreisen über die Wasseroberfläche. Seine Augen sind zweigeteilt: Die eine Hälfte sieht über Wasser, die andere unter Wasser. So kann er alle Feinde erkennen. Der Rückenschwimmer verharrt in Rückenlage direkt unter der Wasseroberfläche um ins Wasser gefallene Insekten sofort zu bemerken.

Fische

Weiter unten im Teich schwimmen Fische umher. Sie sind meist tropfen- oder torpedoförmig, damit sie ohne großen Widerstand im Wasser vorwärtskommen. Antrieb gibt ihnen ihre Schwanzflosse. Fische atmen mit den Kiemen. Dabei wird Wasser durch den Mund aufgenommen und durch die Kiemen wieder herausgepresst. Der Sauerstoff wird in den fein verzweigten Kiemen aus dem Wasser aufgenommen.

Einige Fische kannst du schon vom Ufer aus beobachten, zum Beispiel den kleinen Dreistacheligen Stichling. Seinen Namen verdankt er den auffälligen Stacheln auf seinem Rücken. Wenn er sich bedroht fühlt, richtet er sie auf. Er ist ein sehr fürsorglicher Fisch: Für seine Eier baut er am Teichgrund ein Nest aus Wasserpflanzen. Außerdem passt er sehr gut auf seine Eier und Jungen auf.

Kleine Tiere im Wasser

Wusstest du, dass Libellen die meiste Zeit ihres Lebens im Wasser verbringen? Dort schlüpfen kleine Libellenlarven aus ihren Eiern und machen den Teichgrund unsicher, denn sie leben räuberisch. Um andere Tiere zu fangen können sie eine Art Unterkiefer, die Fangmaske, blitzartig nach vorn schnellen lassen und die Beute fassen. Je nach Nahrungsangebot sind die Larven nach ein bis vier Jahren ausgewachsen. Dann klettern sie im Frühsommer an einem Schilfstängel hoch. Nun schlüpft aus der Larve eine wunderschöne Libelle. Übrig bleibt die leere Hülle, die Exuvie. Auch in der Luft sind die Libellen gefährliche Jäger, sie fressen Fliegen und Mücken. Kleinlibellen sind klein und zart und legen beim Sitzen die Flügel zusammen. Die Großlibellen haben die Flügel in der Ruhe ausgebreitet.

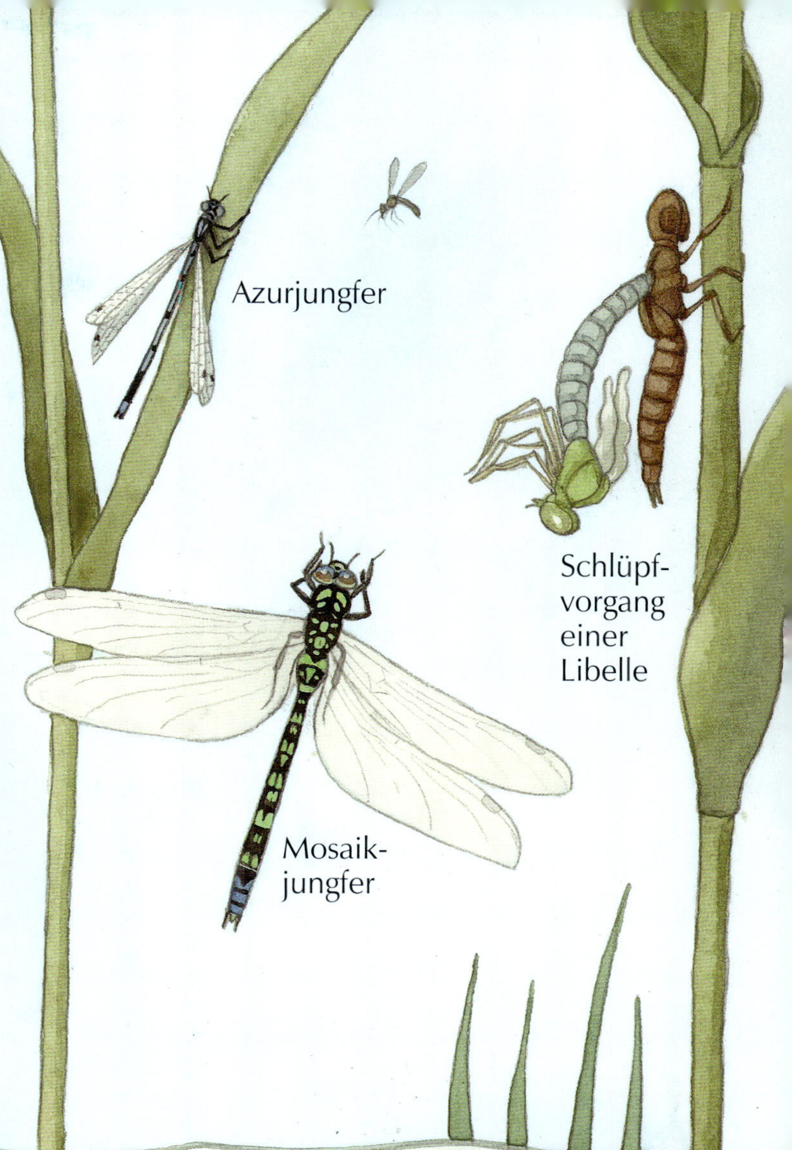

Auch die Köcherfliege lebt als Larve im Wasser und als ausgewachsenes Tier an Land. Die Larve sucht abgestorbene Pflanzen, kleine Stöckchen oder Steinchen. Schnell baut sie sich daraus eine Art Röhre, den Köcher, und verkriecht sich darin. Mit ihrem Speichel kann sie die Materialien fest miteinander verkleben. In ihrem Köcher ist sie bestens getarnt. Versuch einmal eine Köcherfliegenlarve in einem Teich zu entdecken, das ist gar nicht so einfach. Nach der Verwandlung kriecht sie an Land und es schlüpft die Köcherfliege. Mit den Fliegen ist sie nicht verwandt, sie sieht eher wie eine unscheinbare Motte aus.

Strand und Küste

Stell dir vor: Fast drei Viertel der Erde sind mit Wasser bedeckt. Kein Wunder, dass sie auch „blauer Planet“ genannt wird! Da, wo Ozeane und Meere an Landmassen stoßen, ist die Küste. Tausende von Kilometern schlängelt sie sich an den Erdteilen entlang – und überall sieht sie ein bisschen anders aus: Im Norden Frankreichs zum Beispiel ragen steile Felswände in die Höhe, am Mittelmeer plätschern an vielen Stellen die Wellen an feine Kiesstrände und an der Ostsee beginnen gleich hinter den Stränden wunderschöne Wälder.

Besonders abwechslungsreich ist die Nordseeküste. Am Festland findest du kilometerlange Deiche, auf denen Schafe weiden. Die Menschen haben sie gebaut um das Land, ihre Häuser und Felder vor Stürmen und Überschwemmungen zu schützen. Viele Inseln dagegen haben zwei unterschiedliche Küsten. Das wird besonders auf Sylt, Amrum, Borkum und auf der niederländischen Insel Texel deutlich.

Die Seite, die zum offenen Meer zeigt, besteht vor allem aus Sand. Mit jeder Welle gelangt etwas mehr davon an den Strand. Der Wind sorgt dafür, dass sich der Sand zu meterhohen Dünen auftürmt. Pflanzen, die hier wachsen, müssen mit dem vielen Sand zurechtkommen. Besonders gut schafft das der Strandhafer. Seinen festen Blättern können die Sandkörner nichts anhaben. Und wenn er mal mit Sand zugeweht wird, wächst er einfach durch ihn hindurch. Viele Dünen werden mit Strandhafer bepflanzt. Er soll den Sand festhalten, damit der Wind die Dünen nicht wegpusten kann. Dort, wo der Sand nicht mehr in Bewegung ist, findest du auch das Sandglöckchen und die Kriechweide, später auch Heidekraut und Krähenbeere.

Ganz anders sieht es auf der Inselseite aus, die zum Festland zeigt. Hier ist das Wasser ruhiger, weil es durch die Insel geschützt ist. Daher können viele winzig kleine Tonteilchen aus dem Wasser absinken. Mit der Zeit entstehen so ganz neue Landflächen. Darauf wachsen Pflänzchen wie Queller und Schlickgras. Etwas weiter oben blühen Strandnelken, Strandflieder und Strandastern. Weil diese Gebiete immer mal wieder mit salzigem Meerwasser überschwemmt werden, heißen sie Salzwiesen. Um das Salz, das schädlich für sie ist, wieder loszuwerden, haben die Pflanzen ganz unterschiedliche Techniken entwickelt: Der Queller etwa verdünnt das Salz, indem er ganz viel Wasser einlagert – darum ist er so dickfleischig. Das Schlickgras gibt das Salz über Drüsen ab, sodass du an sonnigen Tagen kleine Salzkristalle auf den Blättern erkennen kannst.

Außer ihren unterschiedlichen Küsten hat die Nordsee noch eine Besonderheit: Ebbe und Flut, die Gezeiten. Bei Flut steigt das Wasser, bei Ebbe fällt es. Und das kommt so: Wie die Erde hat auch der Mond eine Anziehungskraft. Diese Kraft hebt das Wasser der Meere auf der dem Mond zugewandten Seite etwas an, sodass dort ein Wasserberg entsteht. Auf der anderen Seite der Erde gibt es einen zweiten Wasserberg, denn das bewegliche Wasser bleibt aus Trägheit etwas zurück. Wenn ein Wasserberg auf eine Küste trifft, herrscht dort Flut. Überall da, wo das Wasser abfließt, ist Ebbe. Zwischen Ebbe und Flut liegen etwa sechs Stunden. Die genauen Zeiten erfährst du bei der Touristeninformation.

Welche Tiere an der Nordseeküste leben und wie sie sich auf die besonderen Bedingungen hier eingestellt haben, kannst du auf den nächsten Seiten nachlesen.

Muscheln

Muscheln haben zwei Schalenklappen, die ihren weichen Körper schützen. Viele leben im Wattboden. Hier sind sie bei Ebbe einigermaßen sicher vor hungrigen Vögeln und trocknen nicht aus. Außerdem können sie bei Flut nicht an Land gespült werden, wo sie ebenfalls sterben würden. Um Sauerstoff und Nahrung zu bekommen führen sie bei Flut eine Art Schnorchel, ihren Sipho, bis an die Bodenoberfläche. Damit saugen sie frisches Wasser an, aus dem sie alles, was sie zum Leben brauchen, herausfiltern. Aus einem zweiten Schnorchel geben sie das gefilterte Wasser wieder ab. Die Herzmuschel und Baltische Plattmuschel sind die häufigsten Muscheln im Watt. Die Sandklaffmuschel ist die größte Muschel. Die Miesmuschel hält sich mit ihren Byssusfäden an Steinen oder anderen Miesmuscheln fest.

Schnecken

Im Gegensatz zu den Muscheln haben die Schnecken ein einteiliges, gewundenes Gehäuse. Sie leben unter Wasser und grasen mit ihrer Raspelzunge die Algen vom Boden. Damit sie sich fortbewegen können, haben sie einen Kriechfuß. Die winzige Wattschnecke kommt zu tausenden im Watt vor. Die Strandschnecke ist deutlich größer. Du findest sie im Wasser an Steinen und Holzpfählen. Die größte ist die Wellhornschnecke. Ihre Gehäuse entdeckst du meist im Spülsaum. Sie gehört zur Gesundheitspolizei im Meer, da sie tote Tiere frisst und so beseitigt.

Der Wattwurm

Dir sind bestimmt schon einmal die vielen kleinen Sandhäufchen auf dem Wattboden aufgefallen. Sie stammen vom fingerdicken, etwa 10 bis 30 cm langen Wattwurm. Er lebt ungefähr 30 cm tief im Boden in einer L-förmigen Röhre. Dort frisst er Sand, aus dem er seine Nahrung filtert. Den gefilterten Sand gibt er als Sandwurst an die Oberfläche ab. Neben jedem Sandhaufen siehst du eine kleine Vertiefung: Da der Wattwurm unten ständig Sand frisst, sackt der Sand von oben nach.

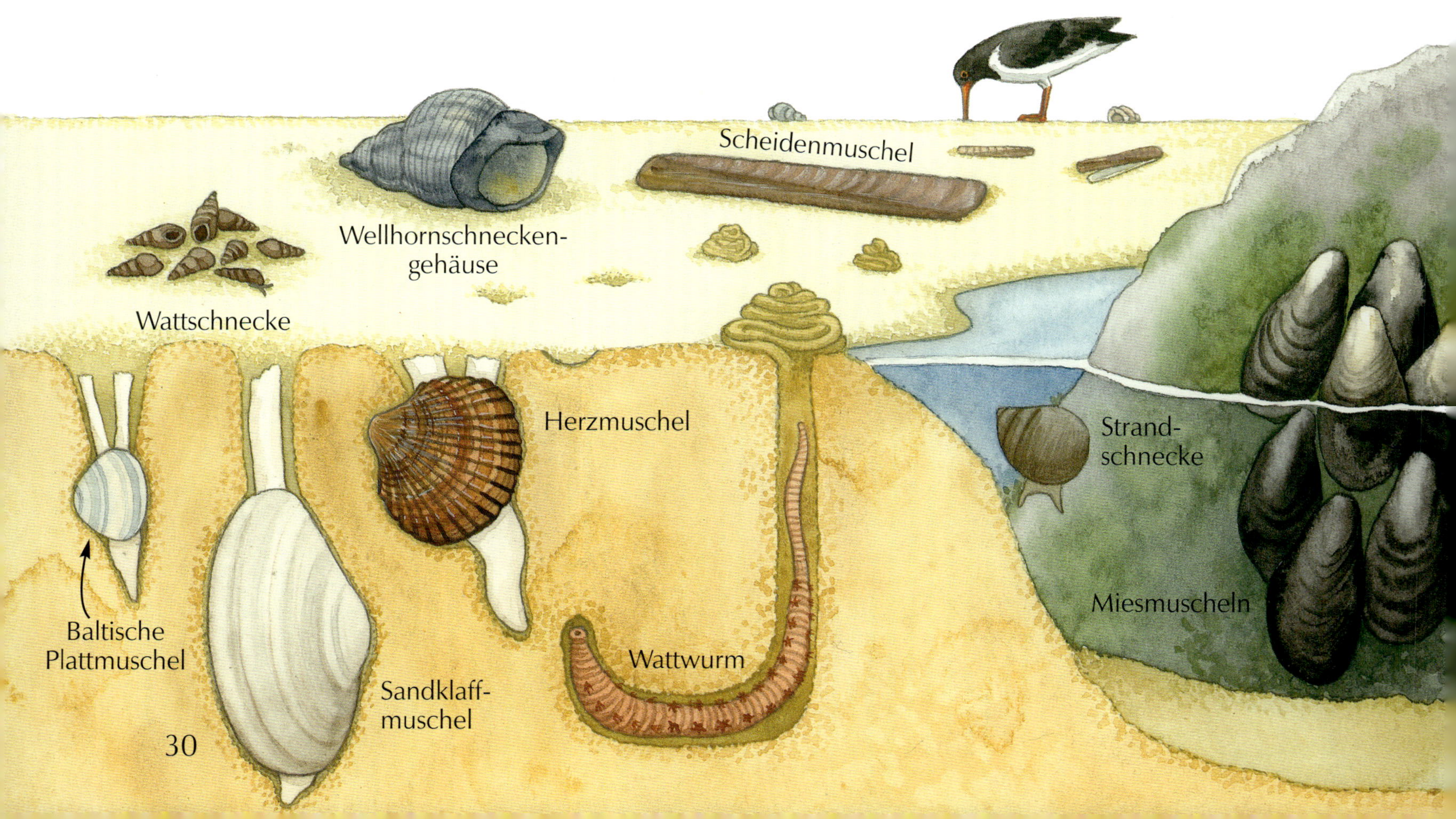

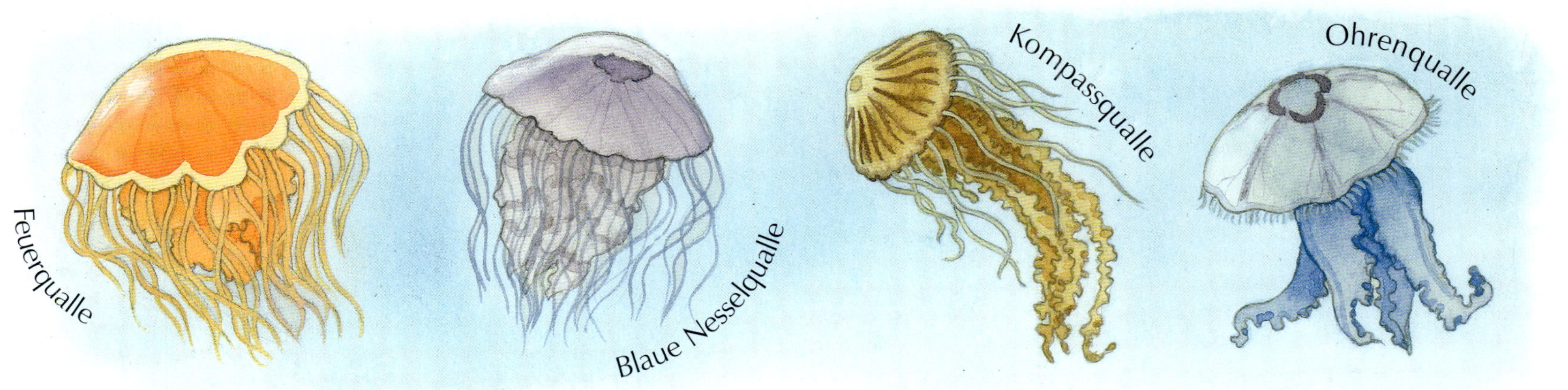

Quallen

Wenn sie schwerelos durchs Wasser gleiten, sehen Quallen sehr schön aus. Wenn sie an Land gespült werden, vertrocknen und sterben sie. Da sie fast nur aus Wasser bestehen, bleibt nach wenigen Tagen nur ein dünnes Häutchen übrig. Mit ihren langen Tentakeln fangen sie Plankton. Das sind winzige Tiere und Pflanzen, die im Wasser treiben. Hin und wieder erwischen sie auch einen kleinen Fisch. Vorsicht: Fass Quallen nicht an! Denn in der Nordsee gibt es zwei Arten, die dich mit ihren Tentakeln verbrennen können: die Feuerqualle und die Blaue Nesselqualle. Zum Glück kommen sie nicht so häufig vor wie die harmlosen Ohren- und Kompassquallen.

Krebse

Ein typischer Krebs ist die häufige Strandkrabbe. Bei Ebbe findest du sie unter Steinen oder nah am Wasser. Bei Flut sucht sie nach Würmern, Schnecken und Muscheln, die sie mit ihren Scheren fängt. Um seinen weichen Hinterleib zu schützen, wohnt der Einsiedlerkrebs in einem leeren Schneckenhaus. Wenn er wächst, muss er sich ein größeres Häuschen suchen. Der Körper der Garnele ist lang gestreckt und hat einen gut getarnten, sandfarbenen Panzer. Du findest sie in Prielbecken. Auch die Seepocke ist ein Krebs. Ihr Gehäuse haftet an Felsen, Pfosten oder Hafenmolen. Bei Flut streckt sie einen Fangarm aus, mit dem sie ihre Nahrung aus dem Wasser filtert.

Seehunde und Heuler

Das Wattenmeer ist auch die Kinderstube der Seehundbabys, die im Frühsommer auf Sandbänken oder am Strand zur Welt kommen. Wenn ihre Mütter Fische fangen, bleiben die Kleinen am Strand zurück. Kriegen sie Hunger, fangen sie an klagend nach ihrer Mutter zu rufen. Darum werden sie „Heuler“ genannt. Meist dauert es nicht lange, bis die Mutter zurück ist. Wenn sie jedoch ständig von Menschen gestört wird, kommt sie nicht. Falls du ein Seehundbaby am Strand findest, gibst du sofort dem nächsten Naturschutzverein oder der Kurverwaltung Bescheid.

Zugvögel

Zweimal im Jahr kommen Millionen von Watvögeln ins Wattenmeer. Sie machen Rast auf einer langen Reise: Im Frühling fliegen sie von ihren südlichen Winterquartieren in die nördlichen Brutgebiete, im Herbst geht's zurück. Das Wattenmeer benutzen sie wie eine Tankstelle: Sie fressen so viele Würmer und Schnecken, bis ihre Energiereserven für die nächste Etappe aufgefüllt sind. Der Knutt und der Alpenstrandläufer, die beiden häufigsten Rastvögel, können dabei ihr Gewicht verdoppeln. Das müssen sie auch, denn sie fliegen zum Teil 2 000 bis 3 000 Kilometer am Stück. Eine unglaubliche Leistung für so kleine Vögel! Die weiteste Strecke vom Brutgebiet bis ins Winterquartier fliegt die Küstenseeschwalbe: von Grönland bis in die Antarktis. Den längsten Schnabel hat der Große Brachvogel, er kann 15 cm lang werden. Damit kann er auch die Würmer erwischen, die tief im Boden stecken. Im Winter kommen noch viele tausend Gänse aus Sibirien und dem hohen Norden zum Überwintern an die Nordsee, zum Beispiel die schönen Nonnen- und Ringelgänse.

Brutvögel

Doch nicht alle Vögel nutzen die Nordseeküste als Rastplatz. Viele Vögel brüten hier, weil sie hier genug Futter finden um ihre Jungen großzuziehen. Die weißen Möwen sind die auffälligsten. Sie nisten gern in großen Kolonien, weil sie so besser vor Feinden geschützt sind. Die kleine Lachmöwe und die große Silbermöwe siehst du häufig. Die lauten, schrillen Rufe des Austernfischer sind nicht zu überhören. Er frisst Muscheln, die er entweder mit dem Schnabel aufhämmert oder indem er blitzschnell zwischen die Schalenklappen pickt. Ein häufiger Vogel in den Salzwiesen ist der Rotschenkel. Er sitzt gern laut rufend auf einem Pfosten. An sandigen und steinigen Stränden triffst du bestimmt den Sandregenpfeifer. Wenn er es eilig hat, trippelt er so schnell, dass du seine Füße kaum siehst.

Der Vogelfelsen auf Helgoland

Helgoland ist eine kleine Felseninsel in der Nordsee. Bis zu 60 m ragen die Felsen senkrecht aus dem Meer. Das Besondere an den Felsen ist die Tier- und Pflanzenwelt. Hier kommen ganz andere Arten vor als in den Dünen und im Watt. Am eindrucksvollsten sind die Vogelfelsen im Frühjahr. Dann sitzen tausende von Dreizehenmöwen und Trottellummen in den Felsen und brüten. Dicht an dicht hocken sie auf den schmalen Felsbändern und veranstalten ein lautstarkes Spektakel. Kaum zu glauben, dass sie an so schmalen Stellen brüten können!

Während die Dreizehenmöwen ein richtiges Nest bauen, legen die Trottellummen ihr Ei auf den blanken Felsen. Damit die Eier nicht wegrollen und in die Tiefe stürzen, sind sie länglich-oval geformt, sodass sie nur in ganz engen Kreisen kullern können. So bleiben die meisten Eier liegen. Sind die jungen Trottellummen groß, gibt es ab Mitte Juni ein besonderes Ereignis, den Lummensprung. Obwohl die Jungen noch nicht richtig fliegen können, springen sie mutig von den Klippen ins Wasser. Einige landen unsanft auf den Felsen, aber die meisten überleben, dank ihrer weichen Knochen und Federn.

Der Basstölpel ist der größte Vogel, der in den Klippen brütet. Mit seinen langen, schmalen Flügeln ist er ein toller Flieger. Elegant gleitet er an den Felsen vorbei und spielt mit dem Wind. Eindrucksvoll ist seine Jagd nach Fischen. Aus 20 bis 30 m Höhe schießt er mit angelegten Flügeln senkrecht wie ein Pfeil ins Wasser und schnappt sich einen Fisch.

Die Berge

In den Bergen finden Naturforscher besonders viele verschiedene Pflanzen und Tiere. Man unterscheidet Mittelgebirge und Hochgebirge. Gebirge, die höher als 1500 m sind, heißen Hochgebirge. Mittelgebirge sind zum Beispiel der Schwarzwald in Deutschland, der Böhmerwald in Österreich und der Schweizer Jura. Die Alpen sind ein riesiges Hochgebirge, das sich über Frankreich, Italien, die Schweiz, Österreich und Deutschland erstreckt. Der höchste Berg der Alpen ist der Mont Blanc in Frankreich. Er ist 4 807 m hoch.

Das Wetter im Gebirge ist deutlich rauer und kälter als im Flachland. Sogar an sonnigen Tagen im Mai kann es plötzlich schneien, bevor am nächsten Tag kräftiger Regen niederprasselt und alles wegschwemmt. Auch der Wind kann innerhalb kurzer Zeit von Windstille auf Sturm wechseln. Das liegt daran, dass die Berge für die Luft ein Hindernis darstellen. Warme und kalte Luftmassen können sich nicht langsam und gleichmäßig verteilen und vermischen. Darum sind die Temperaturen zwischen den Bergen oft sehr verschieden. Wenn die unterschiedlich warmen Luftmassen jedoch plötzlich aufeinanderstoßen, ändert sich das Wetter sofort deutlich: Es kann stürmen oder sogar gewittern. Darum sollen Bergwanderer gut auf das Wetter achten – und für alle Wetterlagen die passende Kleidung einpacken.

Hast du gewusst, dass die Durchschnittstemperatur etwa alle 200 Höhenmeter um etwa 1 °C abnimmt? So verändert sich auch die Pflanzenwelt, je höher du in die Berge kommst. Ab ungefähr 600 bis 800 m findest du die Laubwaldzone mit Buchen, Eichen und Ahorn. Hier ist es für den Ackerbau schon zu kalt. Ab etwa 1000 bis 1300 m schließt sich der Nadelwald mit Tannen, Fichten, Lärchen und Kiefern an. Nun folgt die Waldgrenze, ab 1600 bis 1800 m wachsen keine großen Bäume mehr.

Hier auf den Bergweiden und Almwiesen beginnt der blumigste Teil der Berge – mit Enzianen, Nelken, Steinbrechen und Glockenblumen. Ab 2 500 bis 2 800 m gibt es keine geschlossene Pflanzendecke mehr. In dieser Zone der Polsterpflanzen wachsen Blumen nur noch an geschützten Stellen. Dabei bilden der Rote Steinbrech und der Alpen-Mannsschild dichte Polster. Ab 3 500 m gedeihen fast nur noch Moose und Flechten.

Noch weiter oben stoßen mutige Bergsteiger auf große Gletscher. Sie entstehen aus Schnee, der im Winter fällt, aber im Sommer nicht ganz wegtaut. So sammelt sich Jahr für Jahr immer mehr Schnee an, der langsam zu Eis wird. Das Eis kommt langsam den steilen Hang hinunter, sodass sich eine so genannte Gletscherzunge bildet. Da die Temperaturen immer wärmer werden, taut der Winterschnee heute fast vollständig weg und auch das alte Eis schmilzt. Einige Gletscher sind schon viele hundert Meter kürzer geworden.

Typisch für das Hochgebirge sind auch Lawinen aus Schnee oder Steinen. Eine Lawine reißt alles mit sich, wenn sie den Berg hinunterdonnert. Nur der Wald kann sie ein wenig auf ihrem Weg ins Tal aufhalten. Doch der Bergwald musste an vielen Stellen Skipisten weichen und durch die Luftverschmutzung ist er nicht mehr so gesund und dicht wie noch vor 100 Jahren. Daher bietet er nicht mehr so viel Schutz. Inzwischen haben die Menschen erkannt, wie wichtig der Wald ist, und pflanzen neue Bäume.

Warum wachsen hoch oben keine Bäume?

Dafür gibt es verschiedene Gründe. Im Winter ist es sehr kalt und es fällt so viel Schnee, dass die Äste abbrechen könnten. Wenn du darauf achtest, siehst du, dass die Tannen weiter oben viel spitzer zulaufen als im Tal. So kann sich nicht so viel Schnee auf ihnen sammeln. Je höher du kommst, desto stürmischer wird es außerdem. Auch das halten die Bäume auf Dauer nicht aus. Und im Sommer trocknen Wind und Sonne den Boden schnell aus, sodass die Bäume nicht genug Wasser aufnehmen könnten.

Zarte Pflänzchen auf harten Steinen

Auch für kleinere Pflanzen, wie Sträucher und Blumen, ist es nicht einfach, hoch oben in den Bergen zu überleben. Die Wurzeln finden kaum Halt in dem steinigen Boden. Regen und Wind haben große Mengen der fruchtbaren Erde abgetragen. Nur in geschützten Lagen oder in Felsritzen sammelt sich noch etwas an. Größter Feind der Pflanzen ist der Wind. Er zerrt ständig an den Blättern, lässt Sandkörner und Eiskristalle zu harten Geschossen werden und im Sommer trocknet er den spärlichen Boden in kurzer Zeit aus. Um dem Wind möglichst wenig Angriffsfläche zu bieten, wachsen viele Pflanzen ganz dicht am Boden. Einige bilden richtige Polster. Darin schützen die äußeren Pflanzenteile die inneren. Damit sie über ihre Blätter nicht zu viel Wasser an die Luft abgeben, haben viele Arten ganz kleine Blätter, die mit einer schützenden Wachsschicht versehen oder stark behaart sind.

Salbei

Thymian

Minze

Speik

Kräuter, Duft- und Heilpflanzen

Durch die verschiedenen Höhenzonen sind Gebirge sehr abwechslungsreich. Hier kommen sehr viele verschiedene Pflanzenarten vor. Unter ihnen sind auch viele Kräuter, die herrlich duften und eine heilsame Wirkung haben. Schon seit Jahrhunderten werden sie mühsam in den Bergen gesammelt um Arzneien, Tees, Salben, Liköre und Duftstoffe daraus zu gewinnen. Sehr bekannt ist die Arnika. Zu einer Salbe verarbeitet, hilft sie gut bei Prellungen und Blutergüssen. Aus Salbei, Thymian und Minze kannst du einen wirksamen Tee gegen Schnupfen und Husen kochen. Der Duft der unscheinbaren Speikpflanze wird für Seifen verwendet und aus den Wurzeln des Gelben Enzian wird ein Schnaps gebrannt.

Arnika

Gelber Enzian

Flechten

Flechten sind echte Überlebenskünstler. Da, wo andere Pflanzen nicht mehr wachsen können, in trockenen Wüsten oder eisiger Kälte, kommen sie noch vor. Eine Flechte ist eine Lebensgemeinschaft zwischen einem Pilz und einer Alge. Allein könnte keiner von beiden hoch oben in den Bergen überleben. Der Pilz bildet den Wohnraum für die Alge. Dafür versorgt sie ihn mit Nahrung, die sie – wie alle Pflanzen – mithilfe von Sonne, Wasser und Luft selbst herstellt. Flechten können sehr unterschiedlich aussehen. Die bekanntesten sind die Krustenflechten. Sie überziehen manchmal flächendeckend Steine und Mauern. Strauchflechten sind klein und verzweigt und sehen aus wie Minibüsche. Bartflechten dagegen hängen in langen Bärten an den Ästen von Bäumen. Flechten können vollkommen austrocknen, ohne zu sterben! Wenn es dann wieder regnet, werden sie aktiv und wachsen ein kleines Stückchen. Stell dir vor: Eine 30 cm große Krustenflechte kann schon über 100 Jahre alt sein.

Kletterkünstler

Steinböcke und Gämse wagen sich bis ins steile Hochgebirge und verbringen dort fast das ganze Jahr. Sie sind wahre Kletterexperten und trauen sich auf die steilsten Felshänge. Dabei verlassen sie sich auf ihre scharfkantigen Hufen, die wie Saugnäpfe an den glatten Felswänden haften. Erstaunlich ist, dass die Tiere auch den Winter oben in den Bergen verbringen. Doch die Vorteile überwiegen: An den steilen Hängen bleibt nicht so viel Schnee liegen, sodass die Kraft spendenden Kräuter nicht verdeckt werden. Außerdem heizen sich die Felswände in der Sonne schnell auf, sodass es dort wärmer als im tief verschneiten, schattigen Bergwald ist.

Das Murmeltier

Ein lauter Pfiff tönt über den Berghang. Ein Murmeltier hat aufgepasst. Es hat den Steinadler am Himmel rechtzeitig entdeckt und warnt lautstark seine Artgenossen vor dem Feind. Die großen Nagetiere leben in kleinen Gruppen auf den Bergwiesen. Dort wohnen sie in weit verzweigten, metertiefen Erdbauten. Im Sommer sind sie auf der Alm unterwegs und fressen die nahrhaften Kräuter und Gräser, denn für ihren Winterschlaf brauchen sie eine dicke Speckschicht. Im Herbst siehst du sie mit Grasbüscheln im Maul umherflitzen. Damit polstern sie ihre Winterschlafhöhle aus. Erst wenn der Frühling die ersten Blätter sprießen lässt, kommen die abgemagerten Murmeltiere wieder aus ihrer Höhle heraus.

Die richtige Tarnkleidung für jede Jahreszeit

Um ihren Feinden zu entgehen wenden Tiere die raffiniertesten Tricks an. Viele Tiere setzen auf ihre gute Tarnung, zum Beispiel der Schneehase, das Schneehuhn und das Hermelin. Im Sommer sind Fell und Federn braun, im Winter weiß. Und das ist gut so: Denn in den Bergen schneit es im Winter fast immer und so sind die Tiere gut getarnt.

Adler und Geier

Als typischer Gebirgsvogel wird der Steinadler bezeichnet. Mit fast 2 m Flügelspannweite ist er der Herrscher der Lüfte. Fast ohne Flügelschlag gleitet er die Hänge entlang auf der Suche nach unaufmerksamen Murmeltieren und Schneehasen, seiner Hauptbeute. Im Winter frisst er auch die abgestürzten und von Lawinen mitgerissenen Gämsen. So sorgt er dafür, dass tote Tiere keine Krankheiten verbreiten. Noch größer als der Steinadler sind Gänsegeier und Bartgeier. Auch sie fressen tote Tiere und gehören daher zur Gesundheitspolizei. Der Bartgeier verschlingt sogar die Knochen. Wenn sie zu groß sind, lässt er sie aus großer Höhe auf einem Felsen zerschellen, dann kann er leicht die kleinen Stücke fressen.

Kleine Vögel

Nicht nur Adler sind im Hochgebirge zu Hause. Auf vielen Berggipfeln warten schon die schwarzen Alpendohlen mit ihren gelben Schnäbeln auf Bergsteiger um von ihnen ein paar Brotkrumen zu erhaschen. Einer der schönsten Vögel im Gebirge ist der seltene Mauerläufer mit seinen roten Flügeln. Er brütet an steilen Felsabbrüchen und sucht in den Spalten nach kleinen Insekten. Ein naher Verwandter des Spatz ist der Schneesperling. Er bleibt das ganze Jahr im Hochgebirge, traut sich aber auch in die Nähe von Skihütten und Almwirtschaften. Nahe der Waldgrenze gibt es noch die Ringdrossel. Sie sieht aus wie eine Amsel, hat aber einen weißen Fleck auf der Brust.

Schmetterlinge

Dank der vielen verschiedenen Pflanzenarten zählen die Berge zu unseren schmetterlingsreichsten Gebieten. Obwohl die Lebensbedingungen hier etwas rauer sind, flattern auch in den höheren Gebirgslagen noch erstaunlich viele Arten umher. Der schöne Hochalpen-Apollo zum Beispiel kommt noch über 2000 m Höhe vor. Hast du gewusst, dass es Schmetterlinge gibt, die wie die Zugvögel im Winter andere Länder aufsuchen als im Sommer? Wenn du also im Frühling einen Admiral oder Distelfalter zielstrebig über die Almwiese nach Norden fliegen siehst, kommt er gerade aus dem Mittelmeergebiet. Erstaunlich, dass Schmetterlinge mit ihren zarten Flügeln so lange Strecken zurücklegen können!

Verzeichnis der Tiere und Pflanzen